當我的子女還是小孩的時候，我常常夢想能夠和他們一起成為故事中的角色。我很希望故事裏有我也有他們的存在，但這並不容易，畢竟每個角色都有他們特定的名字和對話，我們總不能自由自在地代入其中，假裝自己是故事中的主角。「留白繪本」系列的誕生終於給我夢想成真，我可以透過豐富的想像力和創造力，在故事中找到我和子女的身影，填補上我們的語氣、聲音和說話，甚至看見彼此親切的眼神！

《熊・麵包》不但充滿作者的創意和濃厚的情感，它還邀請讀者成為故事中的角色，在預留的空間裏賦予故事生命力。毋需旁述和對白，繪本中的圖畫和讀者的自我領會已能帶出一股溫暖的愛。這系列的繪本畫出普遍人的生活和情感，能輕易引起讀者的共鳴。相信只要心領神會，就能讀出自己的故事。

出版經理

彭建群

2018年7月

熊麵包

| 陳順康 編・繪 |

雨田出版社

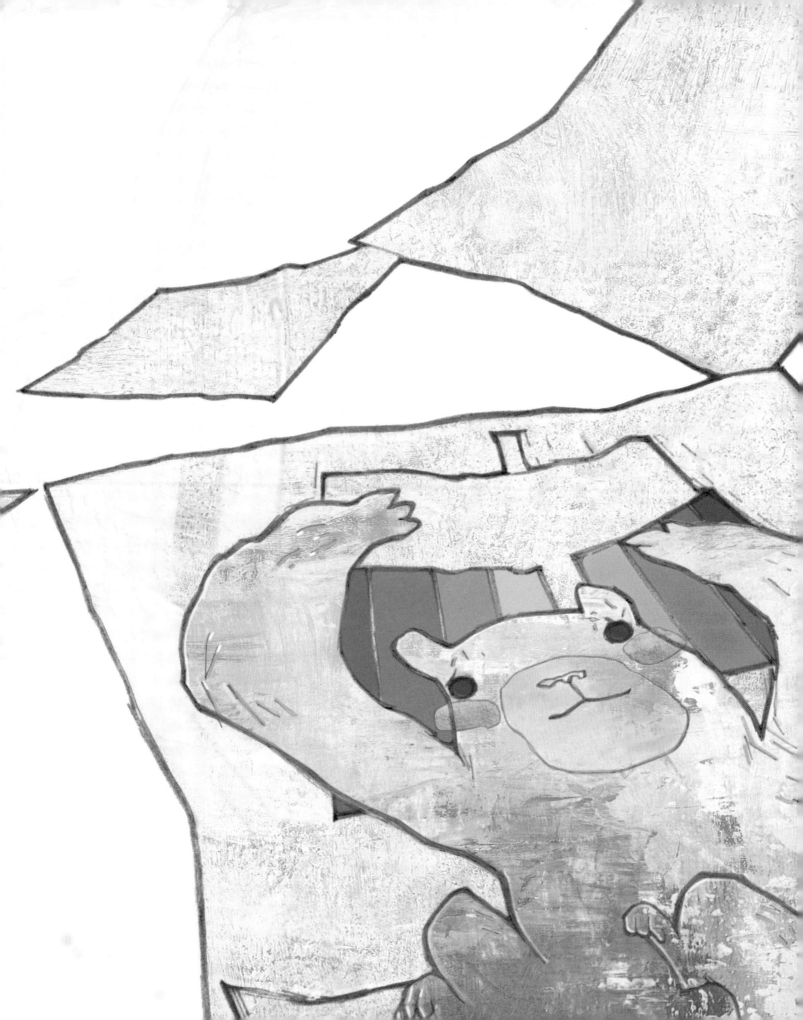

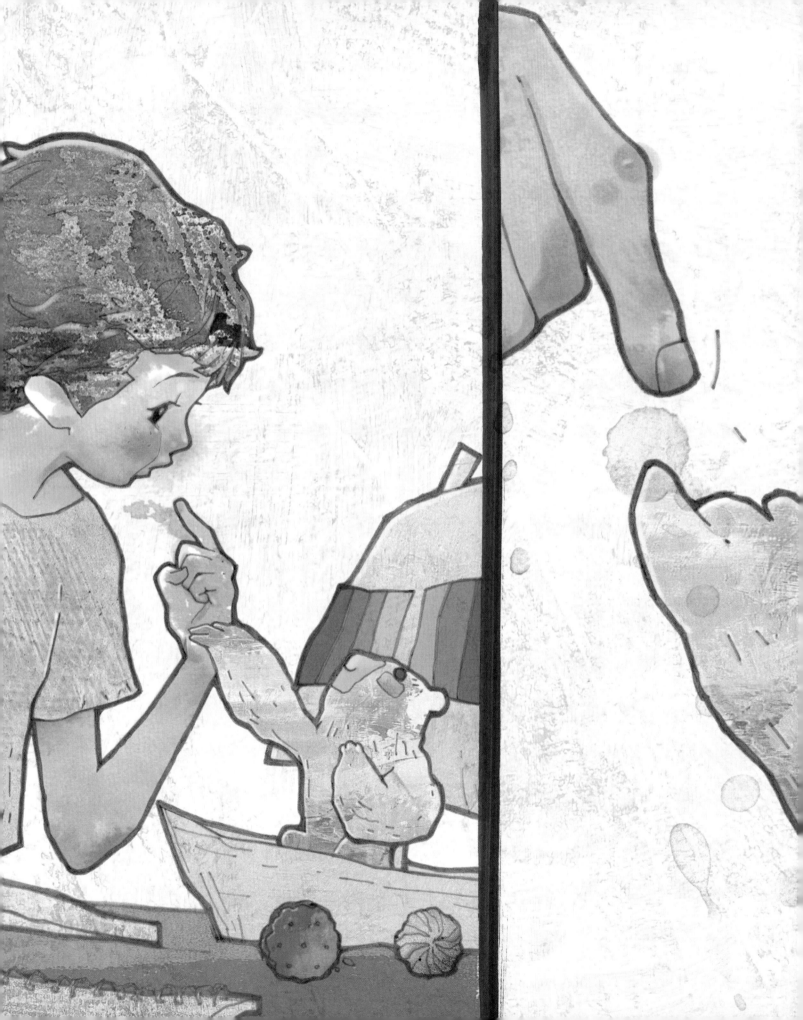

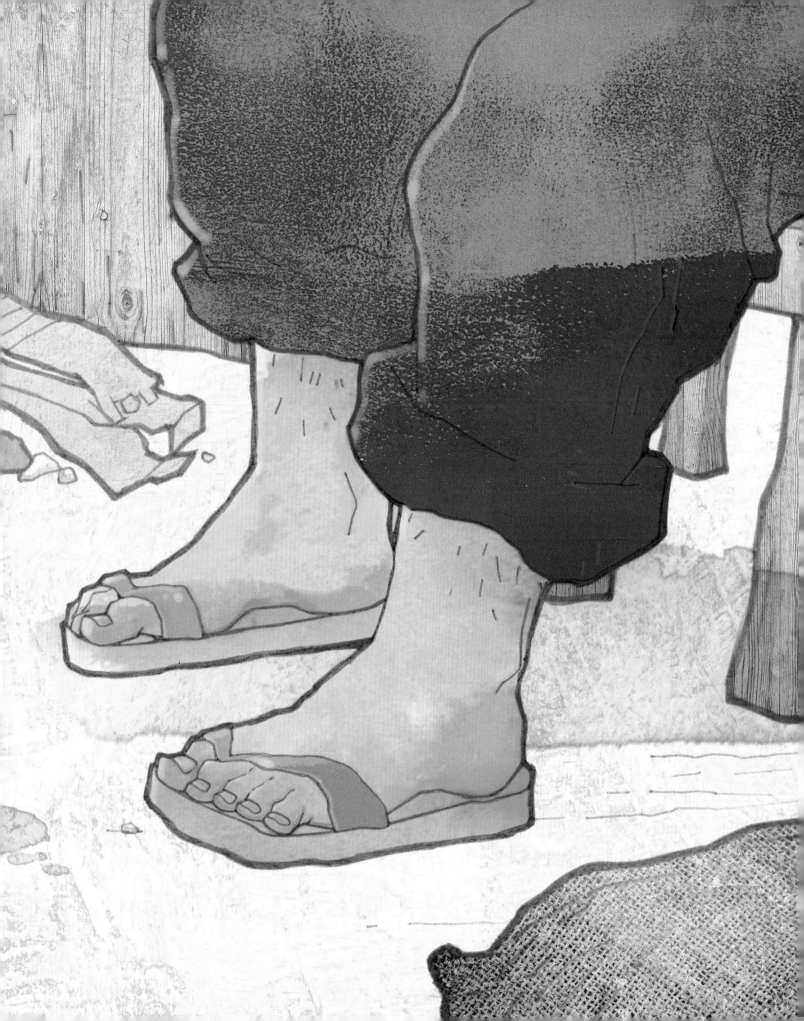

愛・表達

| 大埔浸信會社會服務處　社會服務協調主任 |　（註冊社工）**吳健文先生**

在擔任「父親」這個身份剛剛好滿兩個月的時候，便獲邀為這本無字繪本撰寫導讀，感激又忐忑。很榮幸有機會先看到這本書，內心被溫柔地觸動了。作為一位專業社工，同時也是新手爸爸，《熊・麵包》在不同的角度都能給我很大的啟發。

市面上的繪本主題豐富，但涉及親子關係，尤其是聚焦在父子之情的更是不多。同時，閱讀無字繪本，真正專家是孩子，他們所擁有的讀圖能力和想像力讓故事無限延伸，這也是親子共讀這本書的有趣之處。我相信，無論大人或孩子，都可以對這本書有豐富而獨特的演繹。

故事開始時，父親在烘烤麵包，孩子在畫畫，看似平行線沒有交集；但故事出現的熊，卻交織着父子之間彼此心領神會的關愛。這隻熊，出現在孩子迫不及待和父親分享的畫中，出現在孩子的夢裏，陪伴孩子玩耍，更陪伴孩子為父親剪指甲，最後熊更出現在父親手中熱辣辣的烤盤上。

在現代社會，大家很注重表達，家長們更醉心於學習如何有效管教，如何講出讓孩子順服的話。然而，在家長教育或輔導專業中，有個基本概念叫「積極聆聽」(Active listening)，暫時將自己的要求、期望、命令放下，用心聆聽孩子，不單是豎起耳朵聽到孩子的話語，更重要的是以開放的態度，細心觀察孩子肢體動作、面部表情，設身處地的去聆聽，會比較容易聽到孩子的心聲。當你明白到孩子的感受時，便是關係最美好的一刻。

故事中的爸爸勤勤懇懇的烤麵包維持家庭生計，沒有急於直接稱讚孩子的畫作，但他聆聽到孩子心中對熊的喜愛，透過麵包無聲地將愛傳遞。孩子也透過熊的陪伴，觀察到父親的需要，為他修剪指甲。熊見證了這對可愛的父子間，無聲卻濃濃的愛。也許有些父親不善言辭，深愛自己兒女卻不知如何表達這份關心，甚至用錯了方式，讓自己挫敗，更令關係疏遠。《熊・麵包》的意義正在於提醒我們，不妨聆聽孩子心中所想所愛，你一定會發現他們心中的小熊。故事中的爸爸製作麵包，就是用自己擅長的、舒服的方式表達愛。每個父母都有他們所擅長的，可能是足球、烹調、唱歌……，加上聆聽孩子的心聲，相信孩子一定能在愛中健康快樂地成長。

看着熟睡的女兒有意無意地展露微笑，似乎在她的夢中也有一隻俏皮的小熊陪她玩樂，而我已經在腦海中想像着將來和她一起閱讀這本書的美好。願每個父親，都可以聆聽到孩子的渴望，親手送給孩子這份愛的禮物。

你閱讀這本書時的理解，是你與子女之間獨一無二的溝通和聯繫，和我的不會完全一樣。這正是「留白繪本」系列的本意。每個人都有不同的領會，而唯一相同的，就是「愛・表達」了！

| 編・繪 | **陳順康**

香港插畫師協會專業會員。擅長數碼及傳統手繪插畫。曾在香港、日本、台灣等地從事創作，亦曾參與動畫製作。2012年以香港漫畫家身份和加拿大漫畫出版社Udon Entertainment合作，繪畫漫畫《Makeshift Miracle》。2013年《缺陷・美》個人插畫展、2015年《漸漸》淡淡灰色淡彩展、2016年《抽抽噎噎——並連待續展》，從作品展示其獨特而優美的淡彩魅力。2017年任職於雨田出版社，繪畫繪本《拇指姑娘失蹤探案》。

《熊・麵包》故事源自作者的童年往事改編。

留白繪本系列 ————————————————————————

熊・麵包 Bear and Bread

編繪	陳順康	出版	雨田出版社有限公司
文字編輯	子軒		香港柴灣安業街1號 新華豐中心2101-2室
統籌	彭建群	電話	(852)2187 3088
製作	雨田繪本工作室	傳真	(852)2563 8246
承印	長城印刷有限公司	電郵	info@rainsteppe.net

| 2018年7月初版 | ©2018雨田出版社有限公司 | ISBN 978-988-78337-3-4 |